Les
Braconniers
par Voitellier
DEPOT LEGAL
Seine & Oise
No 2014
1897
Dessiné de J. Rousseau
Prix 3 F
Edité par le Journ
L'Aviculteu
4 Place du Théâtre Fr
PARIS

LES

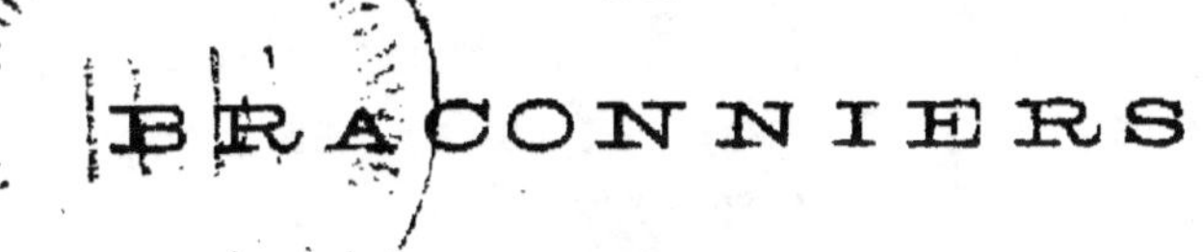

BRACONNIERS

Du Même Auteur :

L'INCUBATION ARTIFICIELLE & LA BASSE-COUR
UN VOLUME ILLUSTRÉ

L'HYGIÈNE DES POUSSINS & CANETONS
Brochure Illustrée

LE DRESSAGE DU CHIEN D'ARRÊT
Un Volume Illustré

LES BRACONNIERS

PAR VOITELLIER

DESSINS DE J. ROUSSEAU

PRIX : 3 FR.

Édité par le Journal « l'Aviculteur »

4, PLACE DU THÉATRE-FRANÇAIS, PARIS

DES PRESSES DE BEAUMONT FRÈRES
A MANTES (S.-&-O.)

1897

LES

BRACONNIERS

Un ennemi bien connu n'est plus dangereux. Les bottes les plus terribles de l'escrime, que les plus forts tireurs ne sauraient éviter tant qu'elles sont le secret de leur auteur, tombent devant une parade élémentaire, quand elles sont connues, et nul ne s'y laisse plus prendre. — C'est en vertu de ce principe que nous allons faire un petit cours de braconnage, non pas pour messieurs les braconniers qui ont à leur disposition bien assez d'écoles essentiellement laïques et gratuites, et dont l'éducation ne laisse généralement rien à désirer; mais pour nos gardes qui ne connaissent que d'une manière imparfaite et beaucoup trop sommaire les mœurs, les engins, les ruses et les habitudes de leurs ennemis naturels.

Et, en effet, pour prendre un braconnier, il ne suffit pas d'avoir du courage et de faire des rondes de nuit régulières. Comme on ne peut être partout à la fois, il faut savoir, suivant le temps, suivant la saison, suivant la lune, sur quel point de la chasse le braconnier devra opérer, quel gibier il devra rechercher et de quel engin il devra se servir.

L'expérience ou la connaissance précise du métier de braconnier est, en ce cas, le meilleur guide pour suivre une piste ou pour tenter une embuscade avec chance de succès.

On a souvent dit : « Pour faire un bon garde, prenez un braconnier » et ceci n'est pas un paradoxe. — Une propriété n'est jamais mieux gardée que par celui qui, tiré de misère par l'assurance d'un poste fixe et bien rétribué, la dévastait sans trêve ni merci, l'année précédente. — Ce braconnier transformé en garde, se fait comme un point d'honneur de la connaissance de son métier et n'admet pas que d'autres, plus jeunes, puissent, suivant la locution triviale employée par tous, en pareil cas, « lui monter le coup ».

Combien de gardes hélas! anciens maréchaux des logis, anciens gendarmes même, pleins de bonne volonté, et d'une probité à toute épreuve, se laissent « monter le coup » parce qu'ils ne savent pas exactement et pratiquement sur quel point et de quelle façon doit s'exercer leur surveillance.

Le braconnier et son complice le marchand de volailles, pour quiconque connait tous leurs *trucs*, sont pourtant faciles à prendre.

Espérons que cette petite étude sauvera un certain nombre de pièces de gibier en aidant à pincer les déprédateurs.

Nous allons successivement passer en revue tous les engins employés par les braconniers en expliquant, aussi pratiquement que possible, la manière dont ils se servent de chacun.

Nous commencerons par les plus anciens et les plus simples, employés par les solitaires, pour arriver successivement aux grands engins de destruction exigeant, pour leur emploi, l'aide d'un, de deux et jusqu'à quatre ou cinq compagnons, avec la complicité active d'agents de renseignements, d'éclaireurs et du marchand de gibier receleur.

LE COLLET A LAPIN

Voici d'abord le primitif collet à lapin : Dès qu'il y eut sur terre un homme et un lapin, le collet dut être inventé ; si le fil de fer n'existait pas encore, il y avait des boyaux d'animaux desséchés, ou des lianes dans la forêt, qui, avec un peu de bonne volonté, pouvaient remplir le même office. On peut affirmer que tant que l'homme et le lapin vivront à proximité l'un de l'autre, le collet existera ; seulement, on peut diviser les colleteurs en deux catégories : le poseur de collets, paysan ou journalier qui place un collet de temps en temps, pour faire comme tout le monde, à la campagne, et qui se fait prendre plus souvent qu'il ne prend de lapins ; celui-là n'est pas bien dangereux ; puis il y a le tendeur de collets, braconnier de profession, manquant rarement un lapin ayant l'habitude de passer par le même chemin. Pour lui, dans toute coulée bien fréquentée, un lapin sera pris dans les trois jours, car ses collets sont tendus suivant toutes les règles de l'art ; ils sont soigneusement dissimulés aux regards des gardes et lui-même ne se laisse pas facilement surprendre. L'inspection seule d'un collet trouvé dans un bois doit révéler la qualité de celui qui l'a posé. C'est évidemment un professionnel s'il est conforme aux principes suivants :

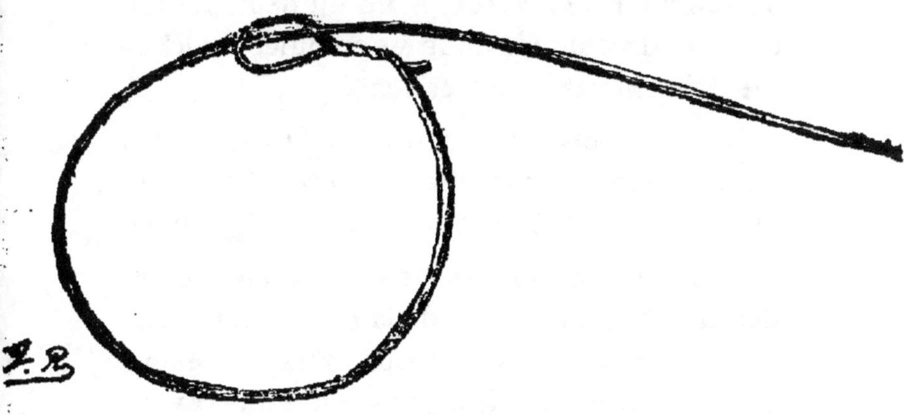

Collet à Lapin

Ce collet est formé d'un fil de laiton d'environ 0m60 de longueur, de la grosseur désignée par le n° 7. Pour qu'il soit plus souple, le fil est recuit à la flamme d'un feu de paille d'avoine. On se contente parfois de la flamme d'une chandelle ou d'une lampe sur laquelle on passe très lentement le fil d'un bout à l'autre. Un œil est formé à l'extrémité du fil et l'autre bout passé dans cet œil forme le nœud coulant.

Avant d'aller poser les collets on les frotte avec de l'huile d'aspic (nom vulgaire de la grande lavande) et de la graine d'anis écrasée.

Le collet se pose, dans l'après-midi, deux heures avant la tombée de la nuit sur la lisière des bois ou dans un champ de blé, de sarrasin ou de luzerne, à un ou deux mètres du bord du champ, dans une coulée fraîchement battue et bien fréquentée.

Dans le bois, l'extrémité du fil est fixée à un baliveau, dans le champ à un petit piquet distant de 30 à 40 centimètres de la coulée.

Le nœud coulant est placé, la boucle en dessus, bien au milieu de la coulée, avec une ouverture d'un diamètre de 0m12; il repose sur un petit piquet de la grosseur d'un crayon, émergeant du sol de 0m03 et portant à son sommet une petite encoche peu profonde, qui, tout en soutenant le collet, le maintient d'équerre sur le passage du lapin.

Avec un collet ainsi posé, si la coulée est réellement bonne, la prise est certaine.

La *tendue* du Collet à Lapin

LE COLLET A LIÈVRE

Le collet à lièvre n'est déjà plus l'engin du premier venu. Pour le tendre avec quelque chance de succès, il faut avoir un peu de sang de braconnier dans les veines, connaitre les allures du gibier et ne pas confondre, à première inspection, la coulée d'un lièvre avec celle d'un lapin. La coulée du lapin est une sorte de petit tunnel foré dans l'herbe, formant comme un tuyau, autour et au-dessus duquel la végétation n'est pas interrompue ; celle du lièvre est plus large et plus haute ; l'herbe y est tondue à 2 ou 3 cent. plus haut et, aux abords du bois, les tiges coupées gisent desséchées sur le sol à droite et à gauche du passage, le lièvre les ayant rongées pour s'ouvrir un chemin, mais n ayant pas pris le temps de les manger, car il ne se sent pas encore en sûreté si près du bois où le bruit des feuilles tinte désagréablement à son oreille. Ce n'est qu'à une quinzaine de mètres du bois, que n'entendant plus le frémissement du vent dans les branches, ni le cliquetis des feuilles qui tombent, il se met à manger tranquillement sur son passage.

Le collet à lièvre diffère, dans sa construction, du collet à lapin. Il est fait, comme le premier, en fil de laiton recuit, mais en fil n° 8; puis, pour qu'il ait plus de souplesse à opposer à des secousses qui seront beaucoup plus violentes que celles données par le lapin, il se termine, au point d'attache, par de la ficelle. Sa longueur en fil de laiton n'est que de 0m60, le reste, 0m50 à 0m60, est en forte ficelle, dite ficelle à sacs. L'ouverture du collet à lièvre est aussi plus grande que pour le lapin, elle est de 0m15 au lieu de 0m12, et la hauteur du petit piquet support du milieu, est de 0m10 à 0m12 suivant qu'on a reconnu qu'on se trouve sur le passage d'un levraut ou d'un grand lièvre adulte.

L'extrémité de la ficelle est attachée à un piquet de bois solidement fiché en terre. C'est presque toujours dans les champs de blé, du seigle, de maïs, situés à proximité des bois que se posent les collets à lièvre.

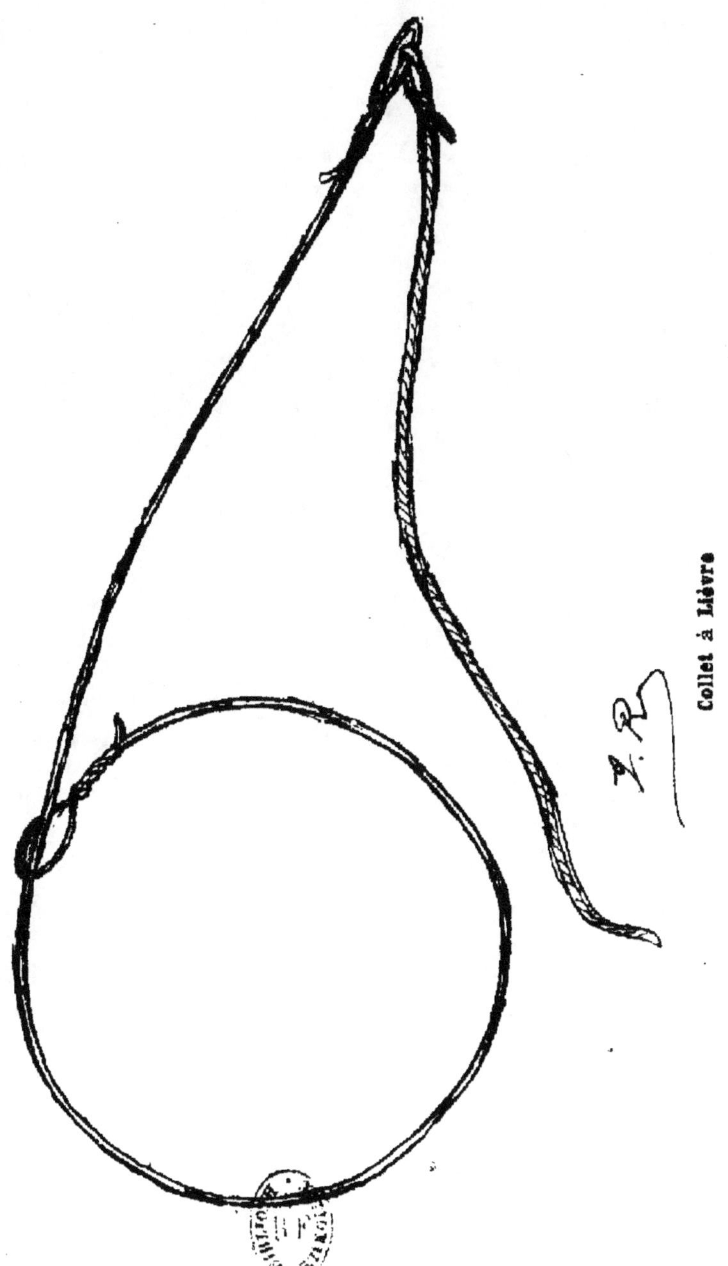

Collet à Lièvre

La *tendue* du Collet à Lièvre

LE COLLET A PERDRIX

Le collet ne s'attaque pas seulement aux quadrupèdes, il est aussi un grand destructeur d'oiseaux. Nous ne parlerons pas des collets à grives, à palombes, et à quantité d'autres oiseaux dont la capture ne ressort pas du braconnage. Nous visons seulement les ennemis de nos chasses. A ce point de vue, le collet à perdrix a son importance. Celui-ci est à la fois engin de professionnel et de paysan ; il ne peut être employé qu'en temps de neige, et encore de neige persistante. Quand pendant une et parfois plusieurs longues semaines, la neige couvrant plaines et bois, rend tout travail impossible aux charretiers, aux bûcherons, aux cantonniers et à la plupart des ouvriers de campagne, une compagnie de perdrix que, du seuil de la ferme, on aperçoit formant tache noire aux abords d'une meule de grain, est bien faite pour tenter même ceux qui, en temps ordinaire, ne songeraient pas à prendre un lapin.

Malheureusement cette tentation se traduit par la destruction de compagnies entières qui, la neige passée, allaient se former en couples reproducteurs et assurer la chasse de la campagne prochaine. Donc, en temps de neige, le désœuvré souvent, le professionnel toujours, prend une poignée de crins blancs à la queue de son cheval ou à celle du cheval d'un voisin et confectionne une série de petits collets de 0m04 de diamètre, au nombre d'une centaine environ. Ces collets sont fixés par leur extrémité sur un bâton de 2 à 3 centimètres de diamètre et de 0m60 de long ; ils sont placés exactement côte à côte au nombre de 8 à 10 par bâton. Quand 10 à 12 bâtons sont ainsi garnis, on se rend à la meule auprès de laquelle on a déjà vu les perdrix chercher quelques grains et l'on forme une sorte de ceinture autour de la meule avec ces bâtons posés sur le sol même ou sur la neige si tout le sol en est couvert, les collets en dessus naturellement. Nous disons au-dessus du sol et non pas de la neige, parce que généralement les meules, par leur forme de cône tronqué renversé, protègent contre la neige une bande de terrain large d'un mètre envi-viron, surtout du côté opposé au vent. C'est sur cette petite bande de terrain découvert que les perdrix trouvent encore de quoi ne pas mourir de faim, et c'est là qu'elles rencontreront les collets. Les bâtons n'ont pas

La *tendue* des Collets à Perdrix

besoin d'être attachés, s'ils résistaient trop le crin pourrait casser sous la première secousse toujours très violente que donne la perdrix prise. Très souvent deux et trois perdrix se prennent à la fois sur le même bâton et, tirant chacune de son côté, elles sont vite suffoquées sans avoir seulement quitté la place. Quand il n'y en a qu'une seule, elle cherche à prendre son essor, mais le poids seul du bâton suffit à l'arrêter et il est rare qu'elle ne tombe pas avant quelques pas. Sa trace, sur la neige, est toujours facile à retrouver pour le tendeur de collets qui ne manque pas de surveiller, du seuil de sa chaumière, les deux ou trois meules qu'il a soigneusement entourées le matin et qui, en attendant qu'elles emplissent son sac de grain, lui serviront à le lui emplir de perdrix. C'est, pour le paysan, une récolte qu'il considère presque comme légitime, et il s'étonne souvent quand les gardes ne partagent pas sa manière de voir.

LA VOILETTE A CAILLE

La voilette à cailles peut être classée parmi les engins de destruction mixtes. Elle est employée tantôt par les professionnels, tantôt par cette catégorie d'amateurs qui sont considérés comme chasseurs tant qu'ils ont eu la chance de pouvoir voyager sur les confins du Code pénal, sans soulever un incident de frontière.

Ce n'est pas un gros engin de destruction, en ce sens qu'il ne détruit exclusivement que les cailles mâles; et que les femelles fécondées au moment de la capture des mâles, continuent seules leur couvée et élèvent leur nichée. La voilette cause un gros préjudice aux chasseurs de la contrée où elle a été mise en œuvre, parce que ceux-ci ne trouvent, à l'ouverture, que la moitié des cailles qui peuplaient la plaine, mais elle ne détruit pas l'espèce, comme font les traîneaux qui ramassent tout, indistinctement sur leur passage.

La voilette, comme son nom l'indique, est assez fine pour couvrir le visage d'une femme. Elle est généralement en soie. Ceux

...Si le blé est déjà haut, l'homme se tient dessous accroupi sur un des bords...

qui n'ont pas les ressources nécessaires pour l'acheter ou pour la confectionner avec de la soie, la fabriquent simplement avec du gros fil bis, du plus gros numéro employé pour coudre les toiles grossières de campagne. Son prix de revient, en soie, est de 50 à 60 francs, et, en fil, de 25 francs environ. C'est un filet carré de 6 à 7 mètres de côté, en maille de 0m02. Il est bordé, sur ses quatre faces, par une corde un peu forte sur laquelle chaque maille est arrêtée. Le filet s'étend sur un champ de luzerne ou de préférence d'avoine ou de blé. Si le blé est déjà haut, l'homme se tient dessous, accroupi sur un des bords; et tournant le dos à la lisière du bois si, au contraire, l'herbe est basse, il se tient assis à un des angles, en laissant reposer le filet sur sa tête.

Là, muni de son appeau, il joue un air imitant le chant de la caille femelle et, comme toujours et partout, les mâles arrivent à tire d'aile, pour se faire pincer.

Avant d'aller plus loin, il est bon de décrire l'appeau. C'est une sorte de musette formée d'une peau de taupe retournée, le poil en dedans, gonflée avec un peu de déchet de laine et fermée par un siflet fait avec un os creux. De la nature et du genre de cet os dépend la perfection de l'imitation du chant de la caille femelle. Les malins se procurent un os de cuisse de héron et obtiennent ainsi la note juste. On produit le chant en tapotant sur la musette, et on obtient un son difficile à décrire par une consonnance quelconque. mais ressemblant à *peuh, peuh*, répétant deux fois le bruit atténué que produit un bouchon extrait d'un goulot de bouteille.

La voilette à cailles ne s'emploie que pendant trois mois à peine. En bonne saison, les cailles arrivent le 20 avril. On commence la chasse en mai pour la continuer en juin et jusqu'au 20 juillet. A partir du 20 juillet et jusqu'à fin août, c'est un autre engin, le *fil à pied*, dont nous parlerons plus loin, qui est employé.

La caille rappelle à des heures régulières. Comme au régiment, elle a son appel du soir et l'appel du matin. Le tendeur de voilette opère de 3 heures du matin jusqu'à cinq heures, pour l'appel du matin, et de 7 heures à 9 heures du soir, pour l'appel du soir. Dans certains cas, on peut commencer à minuit. Par les beaux clairs de lune, quand le temps est doux, on peut opérer depuis 7 heures du soir jusqu'à 5 heures du matin. Les plus beaux coups se font à l'appel du soir, de 7 à 9, et reprennent parfois à minuit. De 9 heures et demie à minuit, la caille se repose et ne rappelle plus. Il n'y a rien à faire par la pluie; et, même par les fortes rosées, les prises ne sont pas nombreuses.

Les cailles se prennent à la voilette, de deux façons, soit en venant à pied jusqu'au dessous, en cherchant à se rapprocher de la femelle qu'elles entendent chanter; elles s'enlèvent alors au moindre bruit que fait l'homme et elles se trouvent entortillées dans les mailles; soit en s'abattant sur le filet, venant à tire d'aile des champs voisins, sur l'endroit précis où elles ont entendu rappeler. — Celles-là sont les plus sûrement prises, tandis que celles du dessous parviennent quelquefois à se dégager si elles n'ont pas été appréhendées assez vivement. On en prend jusqu'à trois et quatre à la fois, tant dessus que dessous, mais le plus souvent une ou deux seulement. Comme, dans ce léger filet, les cailles n'ont pas pu se blesser, elles sont presque toujours attrapées vivantes, pour être mises en cage et engraissées.

Au moment de la prise, elles valent 0,75

pièce et elles montent, étant grasses, jusqu'à 3 fr. et quelquefois 3,50, en temps de chasse prohibée, bien entendu. L'engraissement est des plus simples: il se fait, en une quinzaine de jours avec une alimentation exclusivement composée de graines d'œillette et de lait pour boisson.

La vente de ces cailles se fait le plus généralement à Paris ; un seul homme amène jusqu'à 300 cailles autour de lui et passe tranquillement à l'octroi avec sa cargaison. Des femmes aussi emportent autour d'elles les mêmes quantités, semblant traîner un embonpoint fort incommode. Beaucoup font ce métier pour le seul avantage d'avoir un billet d'aller et retour pour Paris et d'être indemnisées de leurs frais de nourriture pendant leur séjour dans la capitale. — Après tout, Paris vaut bien que l'on risque pour lui quelques mois de prison.

LE FIL A PIED

La caille se prend aussi au fil à pied. C'est le même filet que la voilette, en soie ou en fil très fin, avec maille de 0m02. Au lieu d'être carré, il n'a que 0m12 à 0m15 de hauteur sur une vingtaine de mètres de long. Il est disposé en tramail, c'est-à-dire que le petit filet fin est pris entre deux filets plus larges, à grande maille carrée et en fil plus fort. Les trois fils sont maintenus ensemble en haut et en bas par des fiches, mais celui du centre est rendu indépendant par une corde de tension passant sur toute la longueur, qui lui permet de varier au moindre choc, pendant que les deux autres restent fixes.

Le tramail est soutenu sur sa longueur par des fiches en bois, terminées à leur base par une petite douille en tôle ou en fer blanc de 0m05. Les fiches ont une longueur totale de 0m20. Elles se posent à 0m80 d'écartement.

Le fil à pied se place à l'extrémité du champ, généralement de regain (seconde coupe de la luzerne) ou de jeune avoine. —

L'appelant s'installe avec son appeau, à six, huit ou dix mètres plus loin, suivant qu'il se trouve plus ou moins bien caché et les cailles mâles venant à pied à l'appel de leurs femelles, se prennent en passant dans le filet.

L'usage du fil à pied est préférable à celui de la voilette, à partir de fin juin. Il serait plutôt employé par les braconniers de profession.

LE FILET A PERDRIX

Ce filet n'est qu'une variété du fil à pied, appliqué aux perdreaux. Il est fait de même fil et de même maille, toujours en tramail, mais il a 0m 25 de hauteur. C'est un filet de 25 fr., en fil, et de 50 à 60 francs en soie. C'est toujours avec accompagnement de musique qu'il est employé ; seulement l'instrument, au lieu d'être un appeau en peau de taupe, est un grelot. Aussi, en terme de métier, quand on se sert du filet à perdrix, dit on qu'on va grelotter, ou plus souvent *gueur-lotter*, en argot.

Cet engin, employé un peu avant la moisson, et surtout pendant toute la durée de celle-ci, est funeste aux perdreaux, en ce sens qu'il est employé simultanément par les braconniers de profession et par les moissonneurs.

Les braconniers opèrent vers 3 heures du matin jusqu'à 5 heures, moment où les moissonneurs arrivent aux champs, et de midi à 2 heures, pendant que gardes et moissonneurs déjeunent et font la sieste. Les moissonneurs, ayant toute la journée devant eux, choisissent le moment où le fermier et le garde inspectent la partie de la plaine opposée à celle où ils travaillent.

Le plus généralement, avant de commencer à faucher la pièce, sous prétexte de battre la faux, on tend le filet, qui a 25 mètres de long environ, à l'extrémité du champ, puis on prend une assez longue ficelle au milieu de laquelle on suspend un grelot et, à deux hommes, paraissant de loin arpenter le champ, en marchant parallèlement, chacun d'un côté, on traîne la ficelle à la surface des épis, tout en faisant, par saccade alternative, sonner le grelot suspendu au milieu.

Le bruit des épis heurtés les uns contre les autres, le pas des hommes et le son du grelot, suffisent pour faire marcher les perdreaux sans qu'ils s'envolent, et quand ils arrivent au bout du champ, marchant, suivant leur allure ordinaire, le cou tendu et la tête basse, ils se trouvent pris dans le filet et ne peuvent plus s'en débarrasser. Quand un braconnier est seul et qu'il n'a pas un compère pour *grelotter*, il traverse le champ par le milieu avec un petit fouet à la main et claque doucement tout le long de son chemin. Le résultat est à peu près le

Filet à Perdriz

même, quoique un peu moins bon. Souvent, les moissonneurs ne se donnent même pas la peine de *grelotter* ou de *fouetter* ; ils se contentent de tendre le filet au bout du champ et se fient au bruit de la faux coupant le grain, pour faire avancer les perdrix. Ils tracent leurs andains dans le sens de la longueur du champ, en montant vers le filet, et au bout de chacun, ils vérifient sans peine et sans perte de temps si le filet ne retient pas quelque victime dans ses mailles. Il est bien rare, si les braconniers n'ont pas passé auparavant, qu'un moissonneur, en travaillant dans ces conditions, ne trouve pas, dans un champ de blé, une double moisson. Là, comme pour les cailles, les perdreaux sont généralement ramassés vivants et mis dans des sacs, pour être conservés en cage à la maison. On ne les tue qu'au fur et à mesure des demandes ou à la veille de l'ouverture de la chasse, pour les faire entrer dans Paris au lever du soleil, sous l'œil tutélaire de la police.

On se sert aussi du fil à pied au moment de l'appareillage, en mars, avec une *chanterelle*. La chanterelle est une perdrix femelle que l'on tient enfermée dans une petite cage à barreaux de bois et à toiture en toile. On tend alors le filet en rond, dans un champ de seigle ou de blé, commençant à cette saison, à former une verdure assez épaisse et on place la cage au centre du cercle. Les mâles viennent à l'appel de la femelle et s'embarrassent dans le filet. L'homme se tient à l'affût, caché à proximité, soit à l'entrée d'un bois, soit au pied d'une meule. Il opère, soit au coucher du soleil, au moment où la brume commence à tomber, soit à 4 heures du matin, à la pointe du jour.

Malheur au garde qui à cette saison, sera rentré trop tôt de ses tournées, ou n'aura pas été assez matinal : il s'expose à n'avoir plus, sur sa chasse, que des perdrix femelles pour la reproduction, et la perdrix étant monogame, le résultat est d'autant plus désastreux, que les femelles, restées seules, s'en vont sur les terres voisines, à la recherche de mâles et que la chasse reste déserte.

LA PANTIÈRE

La Pantière est un engin employé exclusivement par les professionnels, et par les professionnels opérant en réunion. Elle est le plus souvent la propriété d'une société, car il existe des sociétés pour la pratique du braconnage, tout aussi bien organisées que la société, à but contraire, pour la répression du braconnage.

La Pantière est un filet de soie, excessivement fin et léger, à maille de 0 02 de diamètre, généralement carré, parfois formant un rectangle plus long que large, d'au moins cent mètres de côté, mesurant souvent deux cents mètres et atteignant jusqu'à trois cents. Son prix moyen varie de 150 à 200 fr. et s'élève jusqu'à 300 fr.

L'emploi de la Pantière est basé sur ce principe, que les perdreaux, surtout avant d'être effarouchés par la chasse au fusil, accomplissent, dans la plaine, presque toujours le même trajet, dans le même sens ; levés à un endroit, ils prennent leur vol vers un autre, en traversant tel ou tel champ, en contournant tel ou tel bois, en franchissant telle haie ou tel bocqueteau et toujours en suivant la même direction.

Aux abords d'un parc par exemple tous les perdreaux nés dans les plaines environnantes, savent qu'ils trouvent, à l'intérieur des murs, un abri où rien ne les dérange, et, aussitôt levés dans la plaine, ils se dirigent vers le parc, mais toujours en passant entre les mêmes arbres ou au-dessus du même accident de terrain. — Ce n'est évidemment pas un chemin précis qu'ils suivent, mais c'est la même direction ne variant pas en moyenne de plus de deux cents mètres, et leur vol, dans ce cas, à moins qu'il n'y ait un rideau d'arbres à franchir, se fait horizontalement, à trois mètres environ du sol, parfois moins, jamais plus, surtout si ce vol a lieu pendant la nuit.

C'est donc uniquement aux perdreaux que s'adresse la Pantière. — Il s'y prend bien, par exception, quelques cailles et quelques faisans à la lisière des bois, mais il n'en faut pas tenir compte.

Les porteurs de Pantière manœuvrent dès fin juillet, et principalement une quinzaine de jours avant l'ouverture, aussitôt la mois-

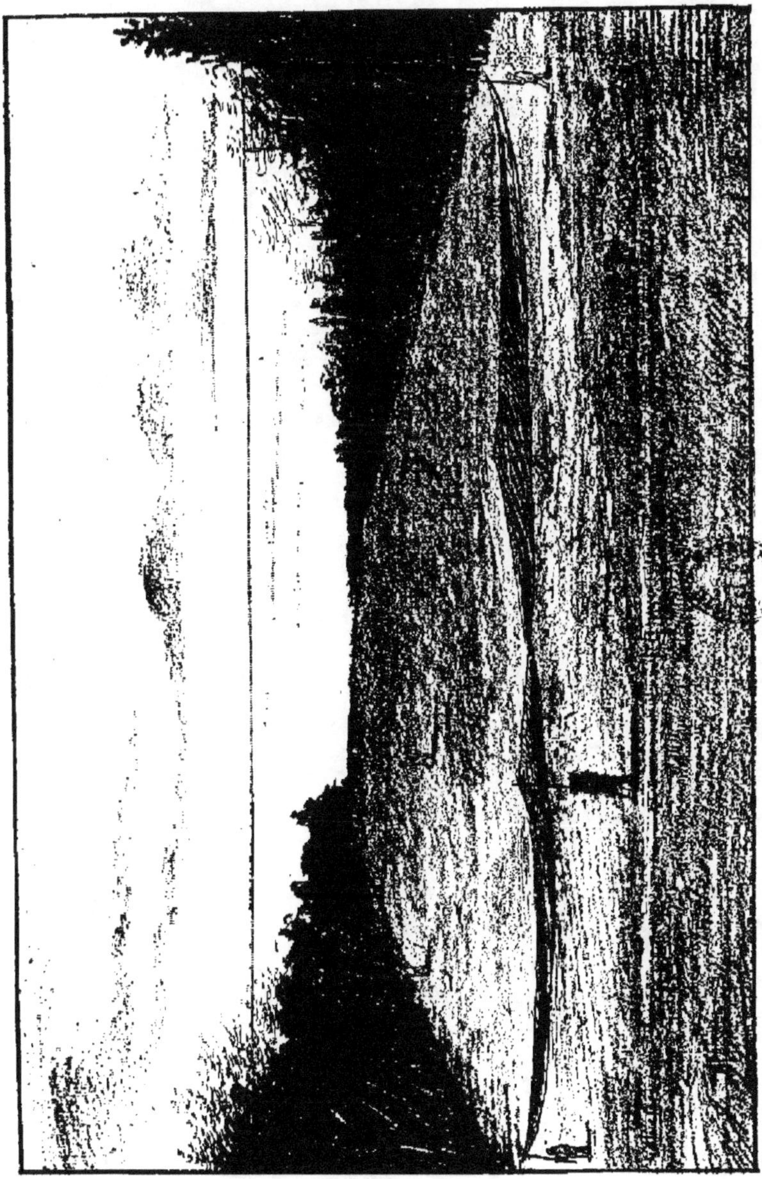

La Pantière

son coupée. Quand les grains sont debout, le perdreau piette et ne se met pas à l'essor ; il se prend mieux au *fil à pied*. Ils opèrent de 11 heures du soir à 3 heures du matin, aussi bien par les nuit sombres que par le clair de lune.

Il ne faut pas moins de six hommes, quatre porteurs et deux rabatteurs, pour les petites pantières de cent mètres de long; pour celles de deux cents mètres, il faut deux porteurs de plus, soit huit hommes ; enfin, les plus grandes de trois cents mètres nécessitent une équipe de dix à douze hommes, huit porteurs et trois ou quatre rabatteurs.

L'équipe est toujours conduite par un braconnier de la localité qui a pu, à loisir, étudier les allures des perdreaux, qui connait, pour les avoir fait lever plusieurs fois, les jours précédents, en flânant dans la plaine, la direction de leur vol, et qui, la veille de l'expédition, est resté en observation, dans les champs, jusqu'à la tombée de la nuit pour se rendre compte du canton où les compagnies devront être couchées.

A l'endroit désigné comme étant le passage ordinaire des perdreaux, les porteurs, munis chacun d'une forte gaule, de trois mètres de hauteur, fixent chaque extrémité de la Pantière à la pointe de leur gaule et, la tendant de leur mieux sur toute sa longueur, restent immobiles, comme au port-d'arme, la base de la gaule à hauteur de la ceinture, de sorte que le filet, tendu sur les quatre coins, soutenu même sur les bords, dans sa longueur, quand il y a six ou huit porteurs, présente, sur ses bords, une ligne presque rigide barrant l'horizon à une hauteur variant entre trois et quatre mètres, et que son milieu, plongeant par son poids, n'est distant du sol que d'un à deux mètres, suivant tension.

C'est alors que commence la chasse. Les rabatteurs munis de leur bâton, après avoir fait le plus grand détour possible, afin que les perdreaux se trouvent entre eux et la Pantière, se dirigent vers les champs où ils supposent que les compagnies dorment et ils marchent tout en frappant le sol de leur bâton, sans trop de bruit et en articulant doucement : brou..., brou...

Ils n'ont généralement pas marché longtemps avant qu'une compagnie ne se lève en groupe serré et que celle-ci, une minute après, soit qu'elle ait rasé le sol et passé au-dessous du filet, soit qu'elle ait donné de l'aile et passé au-dessus, ne se trouve toute entière entortillée dans les mailles de soie, car les porteurs de gaules, entendant le bruit du vol dans la nuit, ont bien su distinguer s'il était haut ou bas, et instinctivement ont levé ou baissé la main. Ce qu'il y a de sûr c'est que toute la compagnie y passe à la fois, et il est bien rare qu'un ou deux perdreaux puissent s'échapper.

L'opération faite, on s'installe à un autre passage et on bat de nouveau la plaine environnante. Une bonne équipe ne peut pas, dans sa nuit, faire plus de trois ou quatre opérations au maximum, c'est-à-dire détruire plus de trois ou quatre compagnies, à moins qu'il n'y ait deux ou trois compagnies réunies sur un même point et qu'elles ne s'enlèvent ensemble. Dans ce cas, 40 ou 50 perdreaux resteront aussi bien dans la Pantière que 12 ou 15.

Avant l'ouverture de la chasse, les perdreaux sont ramassés vivants pour être conservés en cage jusqu'au moment où la vente sera facile ; une fois la chasse ouverte, ils reçoivent, séance tenante, le traditionnel coup de dent derrière la tête, et sont immédiatement empilés dans des sacs. Une voiture est toujours à proximité pour enlever le butin. Et les gardes qui sortent de chez eux seulement vers cinq heures du matin peuvent voir, en passant devant le marchand de vin du village, six ou huit gaillards prenant tranquillement le vin blanc et les invitant au besoin à trinquer avec eux.

LE TRAINEAU

Le traîneau, comme a pantière, n'est employé que par les associations de braconniers, généralement commanditées par un marchand de volailles. Il faut être quatre, et quatre hommes solides au minimum ; plus souvent six, sept et huit pour le mettre en œuvre. On y ajoute même un cheval; et une voiture est indispensable pour l'amener, le soir, sur le terrain des opérations et le remporter dès l'aube, car c'est un engin qui pèse de 100 à 150 kilos, parfois plus. Son prix s'élève aussi jusqu'à 150 et 200 francs, et comme cela représente une grosse somme pour les *pauv's auverriers* sans travail que sont les braconniers le marchand de volailles est presque toujours à la fois. propriétaire, camionneur et commissionnaire en marchandises. Il partage le gibier pris avec les manœuvres employés, et comme il leur achète forcément leur part à un prix dérisoire, ceux-ci n'ont encore gagné qu'une bien maigre rémunération pour leur triste métier.

Quelques associations de braconniers ont

voulu se dispenser de la tutelle du marchand de volailles et se sont cotisées pour l'achat ou la confection d'un traîneau en commun, mais, tous comptes faits, les bénéfices de la première année couvrent à peine les frais d'acquisition de l'engin et ce n'est que l'année suivante qu'il est possible de réaliser des bénéfices et à la condition encore qu'il n'y ait pas eu d'accident ni de rencontre malencontreuse avec les gendarmes. Car, en opérant sans le complice bien équipé, en plaçant soi-même son gibier, en traînant son engin dans une brouette ou dans une voiture à bras on a beaucoup plus de chance d'être pincé. De ces différentes considérations, il résulte qu'en cas de râfles constatées par le moyen du traîneau, c'est neuf fois sur dix du côté des *coquetiers*, *coconniers*, *poulaillers*, *volaillers*. *volailleux* ou autres synonymes du marchand de volailles, qu'il faut pousser les investigations.

Le traineau est un filet à maille de 0m,04 à 0m,05, fait en forte et solide ficelle, dite ficelle à sacs, c'est-à-dire de celle dont on se sert ordinairement pour lier les sacs de grains. Il a la forme d'un trapèze dont le sommet aurait un quart seulement de la longueur de la base, et dont les côtés n'auraient que 1/3 de la longueur de la base. La base est la partie marchant en avant.

Les plus petits traîneaux ont 100 mètres de base, les plus grands 200.

Par conséquent les premiers ont à peu près 33 mètres de côté ; et n'ont que 25 mètres de large au sommet.

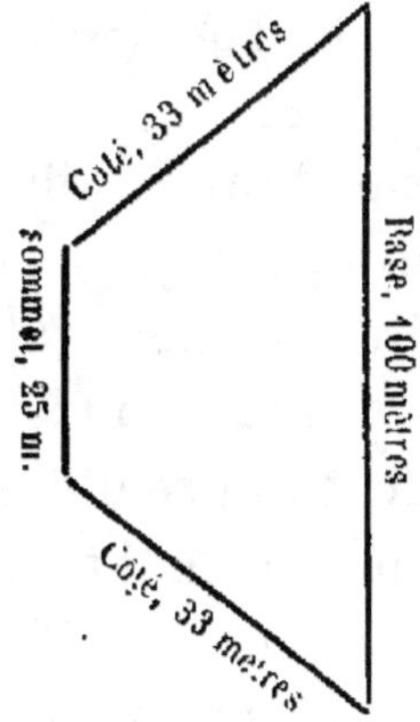

Les plus grands ont environ 66 mètres de côté et 50 mètres au sommet. Les côtés, sur un tiers de leur longueur, à partir du sommet, sont garnis de balles de plomb fixées à chaque maille de façon à faire traîner le filet sur le sol et à former une sorte de cage d'où le gibier, sur lequel le traîneau a passé, ne peut plus sortir.

Au sommet, une forte corde est tendue d'un bout à l'autre, passée dans toutes les mailles. Elle est maintenue à ses extrémités par deux hommes qui surveillent et dirigent la marche du traîneau, levant, quand il se rencontre des obstacles ; arrêtant net, au besoin, en laissant traîner de tout le poids.

Les hommes qui tirent par devant, aidés au besoin d'un cheval, attelé au milieu, maintiennent le filet à hauteur de ceinture, le plus haut possible.

Tous marchent dans le silence le plus absolu. Jamais un appel, jamais un cri, jamais un coup de sifflet. Rien qu'à la résistance plus ou moins grande du traîneau. les hommes de devant comprennent que ceux de derrière ont lâché, et qu'il faut s'arrêter.

En cas d'alerte ou d'accident, si les traîneurs de devant n'ont pas assez tôt compris le signal, un porteur d'arrière prend sa course et va parler bas au camarade d'avant.

Le traîneau ne peut s'employer que dans les grandes plaines, bien plates, dépouillées de toutes récoltes. Il passe sur les petits regains d'une quinzaine de jours, mais pas plus grands. Il ne peut rien faire dans les champs de betteraves, de pommes de terre ou de regains un peu forts. Il sert surtout

Le Traîneau

dans la semaine qui précède l'ouverture, semaine pendant laquelle, la moisson étant généralement terminée, la plaine est tout à fait dénudée. Le gibier, à ce moment, n'ayant pas encore eu le temps de prendre les allures sauvages que lui donnent vite les premiers coups de fusil, se couche sans méfiance dans les chaumes et ne se met pas à l'essor au moindre bruit, comme il le fera 15 jours plus tard. Huit jours après l'ouverture, le traîneau n'est plus à craindre, à moins que ce ne soit dans les réserves où l'on a reculé la chasse, dans l'espoir, trop souvent déçu, de donner asile aux perdreaux des chasses banales environnantes, et de les retrouver tous à la fois, un peu plus tard.

Pour le braconnier, le traîneau est l'engin le plus difficile et le plus dur à employer.

Une fois déplié et mis en marche, dans une plaine, il doit aller devant lui, ou en cercle très étendu, pendant toute la nuit. Si le gibier fait défaut dans cette partie de plaine, c'est une nuit perdue, mais il ne faut pas compter replier le filet et aller opérer ailleurs. — Pour que le traîneau, après paquetage, puisse être étalé de nouveau, il faut qu'il ait été plié en plein jour, avec toutes les précautions voulues. C'est un travail que les braconniers font le jour après la sieste, dans une cour bien close, où ils sont sûrs de n'être pas dérangés. En plaine, ils se contentent, le travail fini, de tout ramasser pêle-mêle et d'empiler dans la voiture.

Quand les conditions sont favorables, le traîneau, désigné aussi par le nom bien caractéristique de : « Drap de mort » est le plus puissant dévastateur des chasses qui existe. Tout y passe et séance tenante est occis perdreaux, lièvres, cailles et jusqu'aux alouettes; seuls les lapins toujours en éveil, la nuit, ne s'y laissent pas pincer. Le clair de lune n'est pas nécessaire ; une belle nuit étoilée, comme le sont presque toutes les nuits d'août, est suffisante, car les *traineurs* ne marchent pas au hasard. Ils ont la veille au soir, à la brume, flané dans la plaine, et ils savent exactement, à deux largeurs de traîneau près, dans quel champ et à quelle place les compagnies de perdreaux sont couchées. Il pourraient même opérer par les nuits les plus sombres, s'ils n'avaient à redouter de passer sur des obstacles qu'ils n'ont pas prévus, gerbes de grains, épines, branches, arbustes, qui embrouilleraient le filet et les foceraient à rester en panne, quelquefois cinq minutes après le départ.

C'est justement, à cause de cette facilité avec laquelle s'embrouille un traineau, que l'on voit partout dans la plaine, aussitôt la moisson rentrée, des branches d'épinettes piquées de distance en distance. Le garde qui a soigneusement *épiné sa* plaine, n'a pas à redouter le traîneau. Cependant, s'il est rentré chez lui un peu trop tôt ou s'il est en tournée du côté opposé, les braconniers, qui ont jeté leur dévolu sur un terrain, savent très bien, à la nuit tombante, aller ramasser toutes les épines et les placer, délicatement en petits fagots sur le bord du chemin, de façon à assurer le libre passage à leur traîneau. Dans certaines chasses bien tenues, on scelle les épines dans le sol, de façon qu'il soit impossible de les ramasser. C'est dans ce cas une défense définitive.

Quelques gardes plus malins, connaissant à fond leur métier, pour avoir un peu pratiqué celui de braconnier dans leur jeunesse, se contentent d'observer de loin, vers le soir les gens qui flânent dans la plaine. A l'allure des flaneurs, et d'après la disposition du terrain et les habitudes du gibier qu'ils connaissent, ils se rendent facilement compte si les braconniers doivent venir opérer pendant la nuit. Alors, dès huit heures du soir, ils partent avec un fagot d'épines sous le bras, et les plantent dans toute la plaine, sur tout le parcours probable du traîneau. Si les braconniers viennent, sachant le terrain libre, ils marchent avec assurance et ne font pas cent mètres avant d'être arrêtés. Si le garde est aux aguets, il lui est facile de faire capture; s'il préfère éviter les rencontres, il peut dormir tranquille, ses perdreaux ne sont pas en danger. Si les braconniers ne sont pas venus dès trois heures du matin, il doit relever ses épines et les cacher dans la lisière du bois voisin, où il les reprendra le lendemain pour recommencer le même manège, et avec huit ou dix jours au plus de cette surveillance, en somme peu pénible, il aura sauvé ses perdreaux et, du même coup *embêté* les braconniers, car rien n'est pour eux plus sensible, et c'est comme une sorte d'atteinte portée à leur dignité professionnelle, que de rester en panne au début de la nuit, arrêtés dans leur *travail* par quelques malencontreuses branches d'épines.

LE PANNEAU

Le plus grand destructeur de lièvres et de lapins, mais uniquement de gibier-poil. Jamais perdreaux ni faisans ne se prennent au panneau, à moins qu'ils ne soient blessés et ne puissent plus faire usage de leurs ailes.

Le panneau est engin de professionnels, mais de professionnels peu fortunés, comme le sont d'ailleurs généralement les braconniers, mais il se prête mieux qu'aucun autre à l'association. Deux petits panneaux tendus au bout l'un de l'autre, forment un moyen panneau, et quatre ou cinq petits en forment un très grand. Aussi les possesseurs de panneaux s'entendent-ils la plupart du temps pour opérer de compagnie ; ils apportent chacun leur *outil* et *travaillent* en commun.

Même avec un petit panneau, il ne faut pas moins de trois hommes au minimum pour opérer ; quand on est cinq ou six avec plusieurs centaines de mètres de filet, les chances de succès sont beaucoup plus grandes.

Les grands panneaux, qui ont jusqu'à 250 mètres de long, appartiennent presque toujours à un marchand de volailles qui le livre à mi-fruit à une équipe de braconniers, et qui les seconde avec sa voiture. Mais le plus souvent, deux ou trois panneauteurs, possédant chacun un filet de 50 à 100 mètres, s'entendent ensemble et se *raboutent*, garnissant un espace de terrain suffisant pour faire bonne chasse.

Suivant les contrées, il y a des spécialistes pour lapins et des spécialistes pour lièvres ; ces derniers cumulent facilement, mais les premiers sont peu redoutables pour les lièvres qu'ils ne prennent qu'accidentellement. L'engin seul diffère de hauteur ; la manière d'opérer est exactement la même.

Le panneau à lapin mesure $0^{m}\ 60^{c}$ de hauteur ; celui à lièvre de $0^{m},80$ à $0^{m},90^{c}$. Tous deux sont disposés en tramail, c'est-à-dire formés de trois parties de filet superposées, reliées l'une à l'autre par le haut et par le bas. Les deux filets latéraux sont faits en ficelle à sac de bonne qualité et à grandes mailles carrées de $0^{m},15$ à $0^{m},20^{c}$ de côté ; celui du milieu, beaucoup plus fin, est en mailles de $0^{m},04^{c}$. Il est fait en bonne ficelle fine, et le plus souvent en coton, ce qui l'empêche de se tordre et de se rétrécir à l'humidité. Cela le rend aussi plus souple, et les lapins s'y *pochent* mieux. Les deux filets latéraux sont maintenus fixes sur une corde au sommet et à la base, laquelle corde est retenue par les fiches, plantées de distance en distance dans le sol, et formant l'équivalent d'une clôture en grillage ordinaire. Le filet fin du milieu est libre sur la corde qui le soutient d'un bout à l'autre, de sorte qu'au moindre choc les mailles glissent sur la corde et il forme une poche où le lapin est

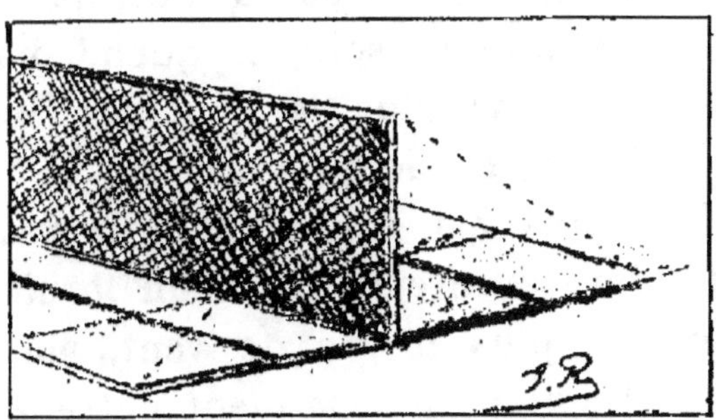

Figure descriptive du Panneau

prisonnier. Les fiches ont 1 centimètre 1/2 de diamètre et sont de $0^{m},10^{c}$ plus hautes que le filet ; elles sont terminées à leur extrémité par une petite douille en zinc ou en fer blanc leur permettant de pénétrer facilement dans le sol.

Contrairement à la plupart des engins de braconnage, le panneau ne s'emploie pas par le clair de lune. Il lui faut des nuits sombres et avec du vent. Par une nuit calme et étoilée, il n'a rien à faire.

L'usage du panneau repose sur ce principe : que les lièvres et lapins quittent à la tombée de la nuit le bois où ils ont séjourné pendant tout le jour, pour aller manger dans la plaine. Ils n'en sortent qu'avec la plus grande prudence, prêts à y rentrer à la moindre alerte, et ne se mettent à manger tranquillement, les lièvres surtout, que dans le silence le plus absolu, et quand ils ne perçoivent même plus le bruit des feuilles et des branches du bois agitées par le vent. Plus le temps est calme, plus ils restent près du bois, n'entendant aucun bruit qui les inquiète ; plus il y a de vent, plus les branches s'agitent et claquent entre elles, plus ils s'avancent dans la plaine, s'éloignant du bois jusqu'à ce qu'ils n'en entendent plus les craquements et les sifflements continuels.

Or, pour le braconnier, il faut que le gibier soit assez éloigné du bois pour que le bruit qu'il fera en dépliant ses engins ne soit pas entendu. Il ne faut pas davantage qu'il soit vu. A la première alerte, lièvres et lapins seraient rentrés au bois, avant que le filet ne

Le Panneau

soit tendu : c'est ce qui ne manquerait jamais d'arriver par une nuit calme et claire. — Et le panneau ne peut être tendu avant 8 ou 9 heures du soir. Plus tôt le gibier n'aurait pas encore quitté le bois et il sort avec trop de précautions pour se prendre intérieurement. Il se contenterait de jeûner, pour ce soir là, mais ne se prendrait pas. Il faut donc que tout soit sorti, avant de tendre. Si le bois est isolé dans la plaine, c'est toujours sur la lisière faisant face au soleil levant que sera tendu le panneau ; c'est de ce côté que le lièvre sort de préférence, c'est donc par là qu'il rentrera. — La pose du panneau se fait dans le silence le plus absolu, et pour éviter même le bruit des pas sur le sol, les hommes doivent être chaussés d'espadrilles. Ils arrivent au bois par le côté opposé où ils devront tendre et déroulent leur filet tout à fait sur la lisière. — Un homme reste à chaque extrémité, un troisième se place au milieu quand le panneau est long.— Deux rabatteurs, décrivant un grand détour, se rendent à sept ou huit cents mètres dans la plaine, face au bois, et remontent droit dessus, en frappant le sol de leur bâton. Tous les lièvres et lapins habitant le bois, qui se trouvent assurément dans ces quelques hectares de terrain où passent les rabatteurs, se précipitent, affolés, vers leur retraite naturelle et *tombent dans le panneau*. Pas un n'échappe si le filet a été assez long pour garnir toute la lisière du bois.

Ce sont les rabatteurs qui viennent ramasser les captifs, qu'ils découvrent aisément, malgré la nuit noire, au ventre blanc qui est toujours en l'air. Ce n'est pas parfois sans difficultés qu'ils arrivent à les extraire de cet imbroglio de mailles où, en se débattant, ils se sont enserrés, mais les mains sont habiles et on n'hésite pas, si le temps presse, à couper une maille du filet. A moins de commande de gibier vivant, le lièvre ou le lapin est séance tenante, *allongé* et mis dans un sac. Pendant ce temps les hommes de faction aux extrémités du panneau, n'ont pas quitté leur poste. Ils sont là pour défendre leur *outil* par la ruse ou par la force, contre les attaques du garde qu'on s'attend toujours à voir surgir à l'improviste, la nuit étant trop noire pour qu'on puisse l'apercevoir de loin. En cas de surprise, on roule le panneau tant bien que mal et on l'emporte, car l'essentiel est de sauver le filet. Pour un garde, les panneauteurs sont les braconniers les plus difficiles à prendre, car ceux-ci, à cause de la

...on arrive avec le panneau que l'on tend sans bruit tout autour du terrier...

nuit, ne craignant pas d'être reconnus, vont jusqu'à entrer en lutte avec lui, soit en l'entortillant dans une partie du filet et en coupant l'aure bout, soit, si le garde s'est emparé d'un bout du filet, en coupant celui-ci à quelques mètres de distance avec leur couteau et en se sauvant avec la partie principale.

Pour ne pas rester inactifs par le clair de lune, les panneauteurs ont un autre mode de *travailler*, mais il ne s'applique qu'au lapin exclusivement. L'opération se passe à l'intérieur du bois au lieu d'être à l'extérieur. On avise un grand terrier bien fréquenté et, un peu avant la tombée de la nuit, une demi heure environ, avant que lapin ne sorte, au moment où, en général, le garde va manger sa soupe, un *solitaire* va *carter* le terrier c'est-à-dire planter à l'intérieur de chaque gueule, à $0^{m}50$ environ de l'entrée, un carré de papier blanc, grand comme une carte, dans une fiche de bois fendue. Ce petit poteau à pancarte blanche, signifie pour le lapin : « rue barrée » et il se garde bien de franchir le poteau indicateur, tant que celui-ci est sur son passage ; il reste ainsi consigné dans son domicile.

Vers onze heures du soir, quand on sudpose que le garde est tranquillement couché, on arrive avec le panneau que l'on tend, sans bruit, tout autour du terrier, puis, avec la plus grande précaution, sans faire sonner les pas sur le sol, on retire les cartes de toutes les gueules du terrier, et, dans l'une d'elles, la plus fréquentée, on lâche la *petite bête* (furet) et l'on reste immobile le long du filet, le plus loin possible des bouches. Une minute ne s'est pas écoulée que l'on entend comme un roulement souterrain, comme le bruit d'un tremblement de terre ; ce bruit cesse, reprend, s'accentue, puis un lapin sort comme une balle, lancée du fond du sol, puis deux, puis trois, parfois jusqu'à 12, et tous, à tour de rôle, vont s'entortiller dans les mailles du filet qui les attend. — En dernier sort la petite bête, l'air ahuri, les yeux papillotant comme éblouis par la clarté de la lune. Elle est aussitôt appréhendée et réinstallée dans son petit sac, puis toutes les petites boules, au ventre blanc éparses dans le filet, reçoivent le *coup du lapin.* On roule le panneau et on va recommencer au terrier voisin. — Cinq ou six terriers peuvent être ainsi visités et dépeuplés pendant la nuit.

Rarement les panneauteurs rentrent au village avec leur filet ; ils le cachent dans une meule, dans un tas de fagots, dans une carrière abandonnée ou dans des petites cahutes construites dans les bois.

Dans les moments de morte-saison, car le panneau ne s'emploie guère qu'à partir de l'ouverture de la chasse au bois, en octobre et, le plus souvent, en novembre jusqu'à mars, époque, où des braconniers qui se respectent, respectent aussi la reproduction du gibier, les filets sont réparés et mis en lieu sûr pour sept ou huit mois. Le clocher de l'église est un des abris de prédilection pour les engins de braconnage. Dans cet asile tutélaire, le braconnier a confiance qu'on n'ira pas lui voler ses *outils* dont les moindres représentent une valeur de 50 fr. et les plus beaux, une somme de 150 à 200 fr. Quand ils sont ainsi en sûreté, et que ses moyens d'existence sont assurés pour l'automne prochain, il peut partir tranquille, au printemps, liquider ses mois de prison.

LE COLLET A CHEVREUIL

Le collet à chevreuil n'est guère tendu que par des braconniers très experts et professionnels par excellence, opérant en solitaires ou, le plus souvent, par deux à la fois. Ce sont de ces braconniers qui ont leur résidence dans une petite ville ou dans un bourg, et qui exploitent, en coupes réglées, les forêts environnantes, dans un rayon d'une dizaine de kilomètres. Ils habitent généralement non loin des limites d'un département et ont une seconde résidence dans le département voisin. Quand ils ont eu, dans le premier, la déveine d'encourir deux condamnations dans la même année, ils passent dans le second où la prochaine condamnation sera ainsi première et non troisième et, par conséquent, moins rigoureuse.

Le chevreuil pourrait se prendre au collet pendant toute l'année, mais le braconnier professionnel a son amour-propre et ne s'exposerait pas à détruire une chevrette pleine ou suitée de ses chevreaux ; ce serait l'acte d'un rentier qui mangerait son capital et se verrait, au bout de peu de temps, dépourvu de tout revenu.

Il suit donc à peu près les prescriptions de la police sur la chasse ; devançant seulement l'ouverture de deux mois environ et, ne travaille, à moins de commandes imprévues, que de juillet à fin janvier.

Son système de chasse est basé sur ce principe, que le chevreuil quitte chaque soir le bois pour aller manger dans la plaine et qu'il suit toujours le même chemin qu'il s'est frayé à travers bois, en passant dans les endroits les plus clairs et en contournant tout massif ou toute cépée qui lui barre le passage. Ce chemin, qui se reconnait facilement aux herbes foulées et aux jeunes pousses tendres coupées sur tout le parcours, à une hauteur de 50 à 60 centimètres, se nomme, en terme de métier, une coulée.

Le collet se tend dans les coulées les mieux indiquées, à huit ou dix mètres de la lisière du bois ou des grandes allées qui traversent la forêt, allées que le chevreuil vient rejoindre pour se rendre, par elles, plus facilement à la plaine. Il se prend, soit en quittant le bois, le soir, à la nuit tombante, soit le matin, à l'aube, en rentrant des champs.

Le collet se fait avec du fil de laiton n° 12, d'un mètre de longueur environ. Un œil est formé à l'une des extrémités du fil et l'autre extrémité, passée dans cet œil, forme nœud coulant, exactement comme pour le collet à lièvre ou à lapin. Mais, pour le chevreuil, le mode d'attache diffère sensiblement. Pour fixer l'extrémité du fil de laiton, on choisit, à proximité de la coulée, un baliveau bien droit, de trois à quatre mètres de hauteur, en bois dur, chêne, charme, orme, châtaignier ou noisetier ; on l'émonde complètement et on coupe la tête, puis on le courbe et on fixe à son sommet le bout du fil de laiton. On le maintient courbé à une distance de 0,70 centimètres de terre, au moyen d'un piquet de bois, formant crochet et enfoncé dans le sol sur le bord de la coulée. Le baliveau devient ainsi un porte-collet articulé. Au moindre choc dégageant le crochet qui le maintient courbé, il fera ressort et se redressera, et le chevreuil sera pendu. Le collet doit avoir une ouverture de 0,25 à 0,30 de diamètre ; il pend, la boucle en haut naturellement, juste au-dessus de la coulée, l'extrémité du fil tendue horizontalement. Pour qu'il se maintienne bien d'équerre, on fait reposer sa base sur l'encoche d'une petite fiche très fine, placée juste au centre de la coulée et émergeant du sol de 0,50 centimètres.

- Le collet se trouve ainsi à 0m 50 de terre, hauteur ordinaire du port de la tête du chevreuil, quand il marche tranquillement.

Si la coulée est étroite on peut se dispenser de la petite fiche-support du milieu et on maintient le collet raide et d'équerre en l'attachant avec une fine branchette dépendant d'un arbrisseau voisin. Si, au contraire, la coulée est large, il faut la retrécir et la ramener à la largeur exacte du collet, en plantant de chaque côté des branchettes coupées aux environs. Et dans tout ce travail, encore assez compliqué, d'émondage, de fixage, d'ajustage et de plantations, il faut avoir le plus grand soin de ne pas mettre le pied dans la coulée, de n'en pas déranger l'harmonie, de toujours se tenir sur les bords, et, aussi bien en allant qu'en revenant, de gagner le collet à travers bois, sans jamais suivre le sentier battu. Parfois les plus belles coulées forment bifurcation à l'approche de la lisière du bois. Dans ce cas il faut un collet à chaque embranchement.

Tout chevreuil qui a seulement engagé son nez dans le collet est perdu. Si le baliveau n'est pas assez fort pour le pendre, il l'est toujours assez pour le maintenir attaché par le cou, et comme le chevreuil affolé, tire de toutes ses forces pour se dégager, il s'étrangle en quelques minutes. On en trouve souvent ainsi qui sont morts à genoux, sans avoir été suspendus.

Un braconnier avec son aide, tend, dans sa soirée douze à quinze collets dans une même forêt.

La *tente* faite, il reste en embuscade pour enlever le chevreuil aussitôt pris, car, en cas de ronde de nuit, les gardes connaissant les principales coulées, ont soin de les visiter, et ils ne manqueraient pas d'emporter l'animal qu'ils auraient trouvé pris. Ce serait à la fois désastreux et dégradant pour un braconnier qui se respecte. Il faut aussi quelquefois, pour satisfaire à des commandes particulières, prendre le chevreuil vivant. Dans ce cas il faut être blotti à très proche distance du collet, car le chevreuil avec la nervosité de ses moyens de défense s'étrangle en quelques instants. On le saisit alors et on lui lie les quatre pattes ensemble au moyen de deux longes solides et on le porte à la voiture qui attend à proximité.

Quand le chevreuil est pris mort il est immédiatement fourré dans le sac traditionnel ou déposé sous un tas de fagots; et le matin, vers sept ou huit heures, quand la voi-

Collet à chevreuil

ture du marchand de volailles, partie de la ville pour se rendre au marché du bourg voisin, suit la route qui traverse la forêt, celui qui l'observerait de loin verrait se ralentir son allure à un moment donné, puis un homme, qui assis sur le talus de route fumait tranquillement sa pipe, se lever, faire quelques pas dans le bois, en ressortir avec un sac sur l'épaule et lancer celui-ci dans la voiture juste au moment où elle passe, et, sans faire arrêter le cheval, monter, en s'appuyant sur le brancard, à côté du conducteur. Au bout de quelques minutes de conversation, il verrait le marchand de volailles tirer de sa poche trois pièces de cinq francs, parfois quelque menue monnaie en plus, mais rarement quatre pièces ; le contenu du sac passer dans un cageot à poules rempli de paille, et l'homme, après avoir roulé son sac et mis son argent sous sa blouse, descendre de la voiture, toujours sans arrêt, et faire au *volailleux* un simple signe de tête signifiant à la fois : merci, et, à samedi prochain.

Si la nuit n'a pas été propice et si à la dernière visite du matin aucune prise n'est constatée, le braconnier, dès la pointe du jour, détend tous ses collets, en faisant disparaître autant que possible les traces de son passage, car il n'aime pas que les gardes les rencontrent dans la journée. Un collet trouvé dans le jour fait souvent pincer son homme la nuit suivante.

Quelques roublards profitent au contraire du grand jour pour travailler, mais seulement dans les bois de grande étendue.

Quand ils savent qu'une chasse doit avoir lieu, à heure fixe, dans une partie du bois et que, par conséquent les gardes y sont occupés, ils vont placer leurs collets du côté opposé en les tendant un peu plus haut, parce que le chevreuil poursuivi porte la tête moins basse. Les animaux chassés se prennent en passant, et, avant que la chasse ne les ait rejoints, ils sont dans le sac et en sûreté.

Un braconnier qui *fait* son bois *consciencieusement,* peut le dépeupler complètement en une année. Il n'est pas rare d'en voir la preuve.

Il nous revient en mémoire, à ce propos, une assez amusante histoire :

Un braconnier, bien connu dans la contrée qu'il *exploitait*, par les gardes, par les gendarmes et par les juges, faisait un beau matin sa ronde dans un bois où il avait l'intention d'aller tendre le soir. Il se promenait, les mains dans les poches, le long des chemins, inspectant les coulées, quand tout à coup il aperçoit sous bois un chevreuil pendu au bout d'une gaule. Tant pis pour le collègue paresseux qui, à cette heure tardive, n'avait pas encore relevé ses collets; c'était vraiment une bonne aubaine de trouver ainsi capture sans avoir seulement *travaillé*, et il se met en devoir de dépendre l'animal : Le nœud du collet était à peine desserré qu'un garde lui mettait la main sur l'épaule. Impossible de fuir, impossible de nier; il y avait bien flagrant délit, et, comme le vrai peut quelquefois n'être pas vraisemblable, il eut beau exposer au garde qu'il n'était coupable qu'accidentellement, celui-ci ne voulut rien admettre. Devant le tribunal, où le collet saisi figurait comme pièce à conviction, le braconnier eut beau s'écrier : « Ce collet, avec lequel le garde prétend m'accabler prouve justement que je suis innocent : vous me connaissez suffisamment, messieurs, pour ne pas ignorer que je sais assez *travailler* pour ne pas faire un collet aussi mal que celui-ci. Ce collet est l'œuvre d'un novice et d'un maladroit. » Aucune protestation ne fut admise, il fut condamné au maximum.

En quittant le tribunal pour rejoindre la

prison entre deux gendarmes, il croisa le garde dans la rue et lui lança cette apostrophe : « Pour une fois que je ne suis pas coupable tu me fais condamner ! Puisque j'aurai payé d'avance j'aurai le droit d'être coupable après. Je te promets, foi de braconnier, qu'aussitôt sorti, je m'occuperai moi-même de tes chevreuils et qu'ils y passeront tous jusqu'au dernier. »

Il était homme à tenir parole. Dès le soir même de sa sortie de prison, on a pu le voir pendant plus de trois mois consécutifs quitter la ville vers le soir pour aller à la gare prendre, sous l'œil du gendarme de planton, le train qui devait le descendre à proximité de la forêt où il avait été pris si malencontreusement.

Pendant tout ce temps, les étalages des marchands de comestibles furent bien garnis et quand il cessa de prendre le train, il n'y avait plus un chevreuil dans le bois.

LE FURETAGE

La chasse au furet, dénommée le plus souvent furetage, est connue de tout le monde.

Même quand on ne chasse pas, on a vu fureter. Tous les chasseurs ont fureté soit avec des bourses, soit à blanc, en tirant les lapins à leur sortie du terrier. Bien peu de paysans, sans être pour cela braconniers, n'ont pas eu, une fois par hasard, au cours de leur existence, un furet dans un vieux tonneau défoncé, et ne l'ont pas, incidemment, lancé dans un terrier dont une bouche s'était par hasard ouverte au coin de leur champ, voire même d'un bois plus ou moins proche dudit champ. Mais malgré l'usage fréquent de ce procédé de destruction des lapins, bien peu connaissent le métier de *fureteur*, même parmi les gardes, et il n'y a guère que les braconniers de profession qui sachent réellement l'appliquer avec toutes ses finesses. Car il ne suffit pas d'avoir un furet et des bourses, de se rendre à un terrier, d'en couvrir les bouches et d'y lâcher le furet. On pourra prendre ainsi les lapins qui n'auront pas de chance, mais cela ne s'appelle pas *travailler* et *prendre du lapin.*

Mais commençons par présenter les engins: d'abord le furet, petit animal ressemblant beaucoup à la fouine, et, comme grosseur, tenant le milieu entre celle-ci et la belette. Il y en a des blancs, avec des yeux rouges, comme tous les albinos, et des gris couleur putois ou fouine; on les appelle *putoisés*. Ces derniers sont plus gros que les blancs généralement plus ardents et aussi plus mordants. Le furet se nourrit de lait dans lequel on ajoute un peu de mie de pain. Pour le maintenir en bonne santé et en bon état d'entraînement, il est bon de lui donner en plus tous les six ou huit jours, un moineau frais tué. Son logement ordinaire consiste en un tonneau placé debout, dont le fond a été remplacé par un grillage. Le tonneau est rempli de paille jusqu'au tiers de sa hauteur, et dans cette épaisse couche de litière, le furet se creuse un trou au fond duquel il va dormir aussitôt son repas terminé. Pour le tirer de son sommeil, quand on veut le prendre pour l'emmener en chasse, il suffit de taper un peu avec le doigt à l'orifice du tonneau et, un instant après, on voit émerger de la paille sa petite tête ahurie. Il faut, pour le

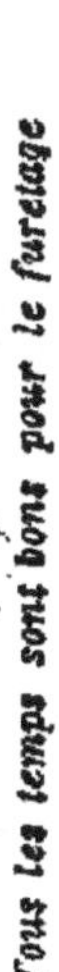

Tous les temps sont bons pour le furetage

prendre, attendre qu'il soit complètement sorti, ce qu'il ne fait qu'avec les plus grandes précautions, sans cela, il se renfonce, comme attiré par un ressort à l'intérieur, et il devient ensuite difficile de l'appréhender. Pour le prendre sans se faire mordre, c'est à pleine main, sur les épaules, presque à la naissance de la tête, qu'il faut le saisir. On l'introduit alors dans un petit sac en toile percé de deux trous d'un centimètre de diamètre et il voyage ainsi au fond du carnier ou dans la poche de la blouse.

Le Furet

Le second engin, complément direct du premier, est la *Bourse*. C'est un filet en ficelle assez fine, à maille de 0m 04, de 1m à 1m 20 de longueur, quand il est allongé, et de $0^{m}65$ de long sur $0^{m}60$ de large, quand il est déplié. Les mailles latérales du filet sont passées dans une corde qui forme coulisse, et les mailles des extrémités sont maintenues, en bas, par une corde fixe, en haut par une planchette percée de deux trous qui lui permette de glisser sur les coulisses.

Par suite de cette disposition, le filet étant déployé et l'extrémité des coulisses latérales étant attachée à un point fixe, il est évident qu'au moindre choc se produisant au centre, la planchette tenant les mailles du sommet glisse le long des coulisses et vient rejoindre les mailles fixes de la base, formant ainsi une poche dans laquelle l'objet qui a donné le choc se trouve prisonnier.

Une partie de la science du furetage, repose sur ce principe ; par conséquent l'essentiel est de bien amarrer sur un point fixe l'extrémité des coulisses et de ne pas entraver le glissement de la planchette sans pour cela négliger de bien couvrir la bouche du terrier et sans laisser aucun espace vide entre la terre et le filet. Quand on n'a pas d'arbre ou d'arbuste à proximité pour servir de point d'attache, on se sert de fiches bien enfoncées dans le sol. L'hiver, quand la terre est gelée, on emporte des pointes de fer que l'on enfonce avec un marteau.

La bonne saison pour le furetage s'étend d'octobre à mars. En dehors de ce temps, surtout de mai à septembre, il donne plus de déceptions que de profits pour deux raisons : D'abord, pendant cette période de beau temps, les lapins rentrent peu au terrier, préférant le gîte dans les herbes sèches ; puis, surtout quand les mâles sont peu nombreux, les premières portées de mars se font de préférence au terrier. Un peu plus tard, les femelles se creusent, pour déposer leur nichée, des *terrassons*, petits terriers droits à une seule bouche, dans les champs avoisinant le bois. Quand un terrier recèle une portée de jeunes lapins, le *furetage* devient un désastre : le furet commence par tuer la mère qui se refuse à sortir pour défendre ses petits, puis il attaque tous les lapereaux successivement. Il ne les mange pas, mais, à tous, par un coup de dent habilement donné derrière l'oreille, il coupe une division de l'artère carotide et il suce le sang jusqu'à complète ivresse. Comme tout bon pochard, il s'endort sur place et se réveille quatre ou cinq heures après, se souciant fort peu si son maître l'attend, en haut, sur le terrier.

Le maladroit qui a lancé un furet dans ces conditions obtient juste, comme résultat : la perte d'une portée, et d'une mère qui aurait pu avoir trois autres nichées avant l'automne et il a passé la moitié de sa journée ou de sa nuit à se morfondre au milieu du bois. Le bon braconnier n'a pas ainsi son temps à perdre et opère tout autrement.

Pour fureter la nuit, à l'abri de l'œil indiscret des gardes, le braconnier est obligé de prendre certaines précautions dont n'aurait pas à se préoccuper un chasseur venant tranquillement fureter à 8 heures du matin. Si l'on mettait, à 10 heures du soir, un furet dans un terrier, on trouverait la maison vide, tous les lapins étant sortis, aussitôt la nuit venue, pour chercher leur nourriture.

Le braconnier, qui a l'intention de *faire un bois* pendant la nuit, passe deux heures environ avant la fin du jour et, les mains dans les poches, croisant au besoin le garde sur la lisière du bois, va *carter* ses terriers. Pour cette opération, il coupe de petites branchettes de 0 m. 10 de longueur, auxquelles il fait une pointe. L'extrémité opposée est fendue pour recevoir une carte blanche, ou, à défaut, un bout de papier plié en deux, de la grandeur d'une carte de visite. Dans chaque bouche du terrier, il pose, à longueur du bras, un de ces petits poteaux-signal, qui signifie pour le lapin : défense de passer ; puis, pour souligner la prescription, il se promène sur toute la surface du terrier, en accentuant ses pas sur la terre, ce qui veut dire, pour les habitants du sous-sol : « Ne sortez pas, il y a danger, là-haut. »

Avec ces précautions, les lapins sont bien et dûment enfermés pour trois ou quatre heures au moins, et il n'y a plus qu'à attendre que le garde soit rentré de sa tournée et soit tranquillement installé, après dîner, à fumer sa pipe, les pieds sur les chenets, pour aller fureter. Si par hasard, au moment de placer les bourses, une ronde imprévue vient jeter l'alerte, on ne se sauve pas sans avoir pris le temps d'exécuter une petite danse sur le terrier, pour faire comprendre aux lapins qu'il y a toujours pour eux péril à sortir, et les voilà claquemurés pour au moins deux bonnes heures encore ; pendant ce temps, la ronde se termine et l'on peut venir *travailler* en toute sécurité.

Les fureteurs marchent toujours au moins par deux, souvent par trois, car, dans les bois où les lapins pullulent, les terriers ont rarement moins de six à huit bouches, ils en ont parfois jusqu'à douze et quinze et un homme ne doit par surveiller plus de trois ou quatre bouches. Encore faut-il qu'elles soient assez rapprochées l'une de l'autre, car, en se précipitant à une bouche éloignée où un lapin serait poché, le fureteur ferait, malgré toutes ses précautions, assez de bruit sur le sol, avec ses pas, pour que les lapins restants, inquiétés de nouveau, ne sortent plus, même sous la menace du furet. En pareil cas, le furet ne manque pas d'appréhender l'un d'eux qui s'est acculé dans un coin du terrier, il le suce, s'endort et... la chasse est finie.

Il faut donc, pour le furetage, le silence le plus absolu, pas de fumée, pas de pas répondant sur le sol, pas d'exclamation de satisfaction à chaque prise, pas de juron quand une évasion se produit. Au milieu du silence de la nuit, une ou deux minutes après que le furet a été introduit dans le terrier, on entend comme le roulement d'un train de chemin de fer passant dans le lointain ; le bruit se calme, puis reprend plus intense, donnant la sensation d'un tremblement de terre, sensation vraiment angoissante quand on l'éprouve pour la première fois, puis les roulements se calment, reprennent, se rapprochent, s'éloignent, et, tout d'un coup, s'accélèrent et se précipitent, ressemblant, à s'y méprendre, au bourdonnement que l'on entend sous un pont de pierre quand un train passe dessus ; pour finir, une sorte de fusée faisant long feu ; c'est le lapin qui est sorti comme une bombe et se roule entortillé dans le filet, sur les herbes sèches bordant le terrier.

Lapin prisonnier dans la *poche*

Sans perdre une seconde, le fureteur maintient du pied ou du genou, filet et lapin réunis, et replace sur la bouche une autre bourse qu'il tenait en réserve à la main, car il est bien rare, dans les terriers bien fréquentés, qu'il ne sorte pas, par une même bouche, deux ou trois lapins l'un derrière l'autre. Aussitôt la bourse posée, le lapin est *dépoché* puis immédiatement *allongé*.

Pour le braconnier, le furet est son gagne-pain ; aussi faut-il, avant tout, ne pas le laisser prendre, quand par hasard on est surpris, même en pleine action. Si le garde surgit pendant que le furet est au terrier, on frappe le sol de quelques vigoureux coups de pied, on relève les bourses en toute hâte et l'on déguerpit prestement avec la certitude que le lapin terrorisé par le bruit refusera de sortir et que, par suite, le furet l'appréhendra et restera au moins une heure ou deux à le sucer. Le garde ne restera certainement pas aussi longtemps à l'attendre et l'on pourra revenir sans crainte recueillir la précieuse *petite bête*. Si le garde s'obstinait à demeurer sur le terrier pour capturer le corps du délit, un des compères viendrait avec prudence rôder aux alentours, et, par une manœuvre habile, feindrait de se laisser surprendre et l'entraînerait à sa poursuite ; pendant ce temps, un camarade, faisant un détour, retournerait au terrier rejoindre et sauver son furet.

Tous les temps sont bons pour le furetage:

la nuit sombre et le clair de lune, la pluie, la gelée, la neige. La neige constitue même un élément de succès, car elle permet de constater quelles sont les bouches les plus fréquentées. Elle a, par contre, le gros inconvénient de laisser des traces que le garde suit parfois plus loin qu'on ne veut.

Quand on n'a pas à redouter d'être vu, le furetage peut se faire aussi bien le jour que la nuit, mais seulement dans la matinée. L'après-midi le lapin sort plus difficilement ; et très souvent le furet le suce et s'endort ; quand il se réveille l'heure du dîner est arrivée et le sac aux lapins est encore vide.

Le même accident se produit, même au bon moment, quand on introduit le furet à contre-temps : dans tous les terriers, il existe des bouches très fréquentées, d'autres, peu ou point, et un certain nombre de bouches très étroites, à peine forées, sortant perpendiculairement du sol ; en terme de métier, ces bouches s'appellent : *sautoirs*. Il faut bien se garder de lancer le furet dans les *sautoirs* et dans les grandes bouches fréquentées ; c'est par une bouche moyenne et peu fréquentée qu'il doit faire son entrée, et dès qu'il est parti, l'homme doit se placer rapidement en arrière des bouches dont il a la surveillance, de façon à ce que les lapins ne puissent pas l'apercevoir au moment de sortir.

Ce sont là des petits détails qui paraissent infimes, mais en les observant, deux braconniers professionnels peuvent, en une nuit, ramasser presque tous les lapins d'un bois, tandis qu'en n'y prenant pas garde, un chasseur à belles guêtres jaunes revient bredouille à la maison, maudissant le furetage, le porte-carnier, et jusqu'au marchand qui lui a vendu son furet.

CONCLUSION

Si, jusqu'alors, nous avons fait un véritable cours de braconnage, ce n'est assurément pas pour former de nouveaux adeptes à l'usage du collet et du panneau. mais pour donner aux gardes une plus grande facilité, tous les faits et gestes de leurs adversaires étant mis à jour, de pincer les braconniers.

Nous avons, en décrivant le mode d'emploi de chaque engin, fait ressortir la part de collaboration, active ou passive, du marchand de volailles : partout il apparaît, comme auxiliaire, commanditaire ou chef de file ; c'est donc lui qu'il faut atteindre un des premiers, si l'on veut arriver à la répression effective du braconnage.

Que, dans toutes les brigades de gendarmerie de France, l'ordre soit donné de perquisitionner dans toutes les voitures de *volailleux* qui circuleront sur les routes, la veille et l'avant-veille de l'ouverture de la chasse et même le matin du grand jour, avant 8 heures. Que, pendant toute l'année, sans en faire une mesure vexatoire et tyrannique, les gendarmes plongent de temps en temps un œil indiscret dans ces mêmes voitures, et le braconnage diminuera dans de notables proportions. Cette mesure aurait un effet beaucoup plus utile que les perquisitions chez les restaurateurs, qui trouvent toujours bien moyen de dissimuler leur approvisionnement, si ce n'est chez eux, au moins chez un voisin complaisant.

On ne manquera pas de dire que cette sorte d'inquisition porterait atteinte à la liberté du commerce, à toute une corporation importante en somme, celle des marchands de volailles, opérant sur des millions et dont les intérêts sont connexes avec ceux de tous les producteurs français. Assurément cette corporation est intéressante et tient une place sérieuse dans le monde agricole, mais si elle se trouvait forcée d'abandonner son trafic sur le gibier, en temps légal ou prohibé, elle ne s'en trouverait pas plus mal. C'est plutôt par habitude que les *volailleux* colportent le gibier provenant du braconnage, c'est une branche accessoire de leur commerce mais ce n'est pas là qu'ils trouvent les bénéfices qui les enrichissent généralement. Beaucoup d'entre eux y renonceraient, sans préjudice pour leurs intérêts, s'ils avaient l'appréhension d'avoir, un jour ou l'autre, des difficultés avec la gendarmerie. Et, si l'acheteur en gros disparaissait, le braconnier, n'ayant plus l'écoulement facile de sa *marchandise* serait bien forcé, suivant, en cela, l'éternelle loi de l'offre et de la demande, de restreindre sa production.

N'est-il pas aussi à reviser ce code qui, placidement, applique au même braconnier jusqu'à trente-deux condamnations, avec la certitude qu'aussitôt celle-ci purgée, le condamné reprendra son existence ordinaire et qu'il en appliquera une trente-troisième, dans les mêmes conditions et ainsi de suite jusqu'à ce que la mort ou la vieillesse vienne mettre un terme à cette lutte platonique entre l'homme et la justice.

Avec la loi actuelle, le métier de braconnier est une profession; et une profession qu'il n'est plus possible d'abandonner quand on l'a une fois embrassée, et que celle-ci a été consacrée par une première condamnation.

Puisqu'il est reconnu que le braconnier est incorrigible, qu'il s'est placé lui-même hors la loi et hors la société, ne serait-il pas plus simple, au lieu de le traquer pendant toute sa vie, comme une bête fauve, de laisser libre cours à ses instincts et de donner satisfaction à ses goûts. S'il est paresseux, souvent ivrogne, il a, par contre, des qualités assez nombreuses : il est hardi, entreprenant, rusé, dur à la fatigue. Pourquoi au lieu de l'enfermer, en moyenne, six mois sur douze, pendant toute son existence, ne pas lui donner une concession de terrain aux colonies? Nous ne demandons pas la déportation, il ne s'agit pas de crimes à punir ; mais, où serait le mal, aussi bien pour la société que pour celui à qui la mesure serait appliquée, si, à la troisième récidive, un braconnier recevait d'office une concession de terrain à Madagascar ou au Tonkin, avec obligation de s'y rendre, aux frais de l'Etat, sans délai.

Le plus grand nombre feraient, là-bas, d'excellents colons ; et, si le goût de la chasse primait encore chez eux celui de l'agriculture, ils pourraient, au moins, satisfaire leur passion tout à leur aise, sans causer préjudice à personne.

Il y a évidemment là un sujet de méditation pour nos législateurs.

TABLE DES MATIÈRES

www.ingramcontent.com/pod-product-compliance
Lightning Source LLC
LaVergne TN
LVHW020031170826
845678LV00001B/211

* 9 7 8 2 3 2 9 7 3 7 7 7 5 *